小小牛顿 科学启蒙 —大百科—

暖暖的被子

U0177451

牛顿出版股份有限公司 / 编著

超酷的科学实验

外语教学与研究出版社
北京

暖暖的被子

　　冬天的晚上特别冷，小凤和弟弟洗好澡，趁身体还暖暖的，就赶快上床钻进了被子里。

● 被子常晒太阳可以杀菌，防止螨（mǎn）虫滋生，还可以保持干爽。被套、枕头套也要常常换洗，这样盖起来才更舒适、健康。

3

小凤和弟弟躲在厚厚的、暖暖的棉被里舒服极了。而且，他们发现躲进棉被里还可以捉迷藏，真好玩。

　　妈妈对他们说："晚上让身体保持温暖很重要，身体暖和了，就不会着凉感冒了。"

● 棉被里装的是棉絮，棉絮是棉花种子的绒毛，又细又长，用它做成的被芯很蓬松，里面有很多空隙，可以更好地保留人体散发出的热量。但是棉絮也容易吸收水汽，所以要经常晒晒太阳，保持干爽。

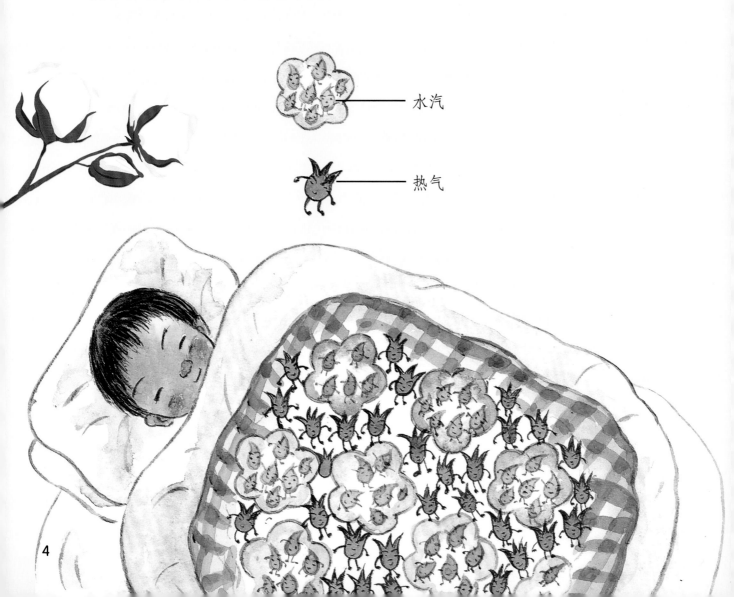

水汽

热气

棉絮从哪里来?

　　棉絮是棉花的纤维。棉花是一种植物，会长大、开花、结果，棉花的果实称为棉铃，棉铃里会结出棉籽，棉籽是棉花的种子，种子上有长长的冠毛，可以帮助种子飞行传播。我们所说的棉絮，就是指棉籽上的"冠毛"，冠毛是很长的纤维，这些长纤维可以用来做成棉被的被芯，也可以纺成棉线，再织成棉布。

1. 棉花

2. 棉花开的花

3. 棉花结的棉铃

棉铃——

4. 棉花与成熟的棉铃

5. 棉籽与棉絮

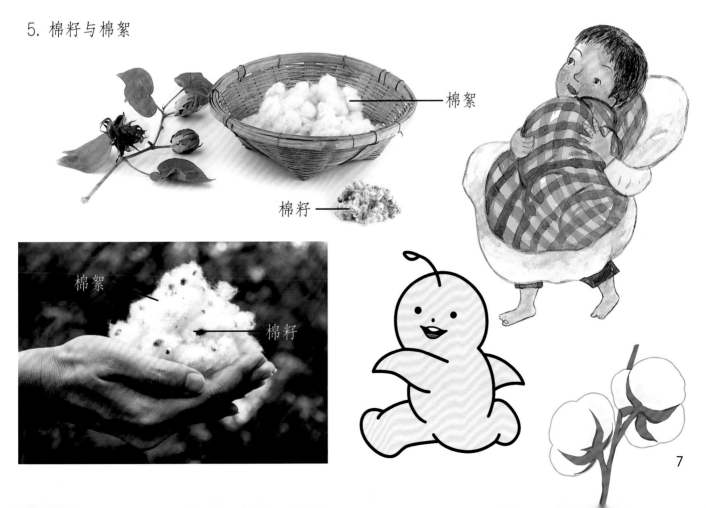

棉絮

棉籽——

棉絮

棉籽

7

暖暖的棉被里装的是棉絮，但妈妈说，并不是所有的被子里装的都是棉絮，有些被子里会放羊毛或蚕丝。

　　小凤问："羊毛？是羊身上的毛吗？"

　　弟弟也问："蚕丝？是蚕宝宝吐的丝吗？"

　　妈妈说："没错，就是绵羊身上剃下来的毛和蚕宝宝做茧时吐出来的丝。现在姐姐自己盖的这床被子里，装的就是蚕丝！你们快比比看，有什么不同？"

一条蚕吐的丝大约是0.5~1克。蚕丝是长纤维，有很好的透气性和排湿性，所以蚕丝被比棉被轻，而且也十分保暖。

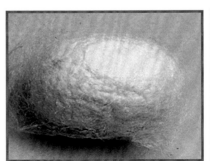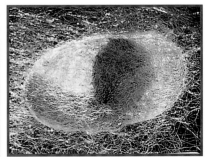

大约2000条蚕宝宝吐的丝，才能制作出一床蚕丝被。

羊毛被的毛从哪里来？

妈妈，我想盖羊毛被，可以帮我换被子吗？

羊毛被里放的是绵羊的毛。绵羊的毛冬天会长长（zhǎng cháng），帮助绵羊保暖，到了春天，长毛就会掉落，换成短毛。而牧羊人会赶在绵羊换毛前，先把绵羊的毛剃掉，并且把这些毛做成羊毛被，或者纺成毛线，拿来做衣裳。

我们冬天的长毛可以保暖，即使下雪天也不怕。

牧羊人帮绵羊剃毛，剃下来的毛有很多用途。

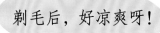

剃毛后，好凉爽呀！

妈妈说家里没有羊毛被，于是把弟弟的被子换成了羽绒被。水鸟的羽绒很保暖，而且不怕湿。被子里装了羽绒，盖起来就像穿了羽绒服一样，也变得和水鸟一样，不怕冷了。

水鸟的羽绒

用水鸟的羽绒做成的被子，不但干爽，也很保暖。羽绒被质轻、透气，压缩后恢复性佳，蓬松有弹性，不会板结成硬块。

13

羽绒被的羽绒
从哪里来?

　　羽绒被的羽绒，从水鸟身上来。水鸟身上长着好多羽毛，有廓羽、绒羽、飞羽和尾羽，只有细柔的绒羽经过加工之后，才能当作填充物，做羽绒服、羽绒被。

绒羽

绒羽主要长在腹部，质轻柔细，
有保暖的功能。

廓羽

构成水鸟身体表
面形状的羽毛，
是全身数量最多
的羽毛。

飞羽

飞羽分布在翅膀靠后
的地方，又硬又大，
空隙较小。不同鸟类
飞羽的形状和数量也
有很大差别。

尾羽

可以帮助鸟类掌握平衡，
控制方向。

重重的棉被有很好的吸湿性，轻轻的蚕丝被总是暖融融的，羽绒被盖起来也很干爽松快，它们各有各的优势。天气渐冷的时候，大家要盖好被子，别着凉哦！

17

被太阳晒过的被子有一种特殊味道，让人立刻就能联想到温暖的阳光，盖在身上舒服极了。谢谢被子帮我保暖，更谢谢温暖的太阳陪我睡觉。冬天里有一床好被子，再冷的天我也不怕。

● 要保持被子干爽，天气晴朗的时候就要常晒被子，而且被套也要经常换洗，这样盖起来才能清爽舒适。

给父母的悄悄话：

　　被子是孩子相当熟悉的寝具，但是为什么被子里的填充物各有不同呢？哪种被子更适合呢？家长可以引导孩子通过了解不同填充物的特性，深入思考，培养孩子在生活中发问、学习知识的好习惯。

我爱做实验

跳舞章鱼

你看，这是我的最新舞步！

材料：

胶带   线轴

皮筋

剪刀  彩纸

牙签

木筷

做法：

1. 把皮筋穿进线轴孔里，一头插进牙签，另一头套进竹筷。

2. 画一个章鱼头，剪下来，并把两张彩纸分别剪成条状，做章鱼的身体和脚。

 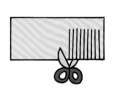

3. 用胶带把头、身体和脚固定在线轴上。

玩法：
一手拿线轴，一手转动木筷把皮筋拧紧，然后抓住木筷，放掉线轴，章鱼就开始跳舞啦！

动物的胡须

你发现了吗，许多动物都有胡须。长这些胡须可不只是为了好看而已，还有很多用处。动物嘴边的胡须，又被称为"感觉毛"，这些毛可以给动物提供非常灵敏的感觉，即使不用眼睛看，也能察觉身边环境的变化。

老虎

猫科动物的胡须除了感知环境，还有保持平衡与测量的功用，如测宽度，让它可以安全通过狭窄的通道。如果把猫咪的胡子剪短，会使得它的身体失去平衡，并且影响测量的精确性。

狗

羊

猫

我的胡子，可以帮我捉鱼哦！

海豹

很多动物的胡须都很长，它们有专门可以控制胡须活动的肌肉，因此胡须甚至可以做出张开和下垂的动作。

生活在水里的鲇鱼和鼠鱼也有长长的胡须，鲤鱼的胡须短一些。它们都生活在水底附近，视力不是很好，因此会用胡须探测水底泥地上的生物，从而帮助自己捕捉猎物，或是逃避危险。

鲇鱼

鲇鱼和鼠鱼的胡须不只长在嘴巴两旁，连嘴下方也有，这些胡须很灵敏，可以帮它们探测泥地中的小生物。它们用胡须碰一碰泥地，不用看，就可以找出食物来。

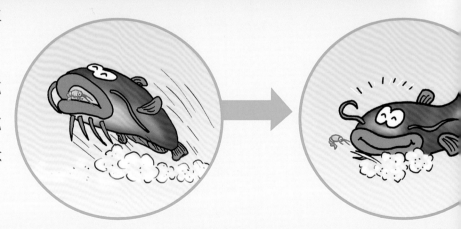

鼠鱼

鲤鱼

鲤鱼是生活在水底的鱼类。
它的嘴边也有胡须，可以帮
助它侦测环境。

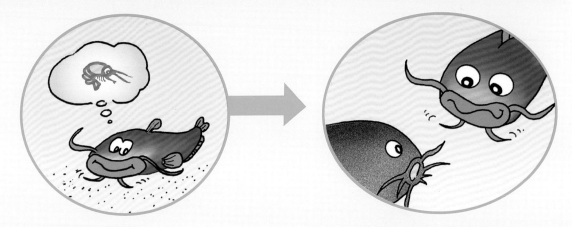

神医华佗

华佗是中国古代很有名的医生。

他常常免费为穷人看病。

不用给钱了。

谢谢您，大夫！

哎呀！疼死我了！

我一定要想个好办法，让病人在开刀的时候不会感到疼痛。

有一天华佗上山采药，看见一只受伤的鹿，躺在河边。

咦？怎么睡着了？奇怪！难道伤口不疼了吗？

啊！会不会是因为河边长了这种草的关系？

华佗摘下一小片草，放进嘴里嚼了嚼。

哇！感觉麻麻的！

哎呀，没有感觉了！

啊！我想到了！

华佗回家后，专心地研制麻醉药。

哎哟！好疼啊！
疼死我啦！

大夫，快救救我呀！

你得了盲肠炎，必须切开肚子把烂掉的盲肠拿掉。

你说什么，要切开肚子？

救命啊！我不要啊！

别怕，只要吃了麻醉药，开刀时你就不会感觉疼了。

咕噜……

华佗从煮沸的水中拿出消完毒的小刀。

他怎么不喊疼？会不会死了？

哇！麻醉药这么厉害呀！

过了几天……

我的病已经完全好了，您真是一位神医啊！

华佗是世界上第一个使用麻醉药的人。在他去世后，过了大约1700年，欧洲人才开始使用麻醉药。

直到现在，只要是像华佗一样医术很好、又很关心病人的医生，都会被人称赞为"华佗再世"。

华佗再世

选饼干

小熊和妹妹都喜欢吃妈妈做的饼干。有一天，妈妈烤了很多大大小小的饼干。小熊下课后回到家，妈妈让它和妹妹先吃饼干，但只能吃5块，因为等一下就要吃晚饭了。

我要挑5块最大的饼干。

我要挑5块最小的饼干。

小熊挑饼干的方法：

1 小熊先挑出两块大饼干。

2 接着再从剩下的饼干里，挑了两块看起来比较大的饼干。

3 最后，又从剩下的饼干里，挑出1块饼干。

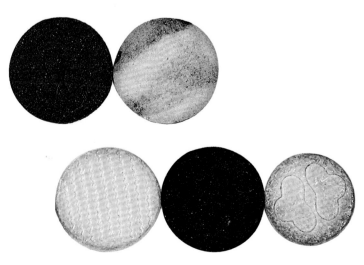

妹妹喜欢小块的饼干，所以要挑小块的。妹妹挑了1块有梅花图案的巧克力饼干以后，想了好一会儿。

哎呀！该怎么挑出5块小饼干呢？

用你挑出的这块小饼干去比呀！把饼干1块1块放到这块饼干上比较，比它大的放一边，比它小的放另一边。

小熊妹妹挑饼干的方法：

1 小熊妹妹利用梅花图案的饼干与其他饼
干比大小，分出大小两堆。

比较大的饼干有7块。

比较小的饼干有8块。

2 妹妹把比较小的8块饼干按照大
小顺序排列，然后从最小的饼
干开始，挑出5块来。

我要吃大饼干了。

我要吃小饼干。

第二天，妈妈做了3张不一样大的比萨。小熊很快看出中间的那个比萨最大。有什么方法可以确认小熊的判断没错呢？

小朋友，请你也帮忙想想看，利用包装绳，可以测量出圆圆的比萨中究竟哪一个最大吗？

给父母的悄悄话：

　　比较圆的大小，目测是最直接、最原始的方法，但是利用机会让孩子学习不同的比较方法，也是一种科学的学习。孩子们可以了解到更多解决问题的方式，灵活思考，多方尝试。用绳子量圆的直径，直径越长圆面积越大。请父母陪孩子实际测量与比较不同大小的圆，一定会给孩子留下深刻的印象。

长颈鹿的围巾

　　小熊、小猪、袋鼠、猴子和长颈鹿一起去看兔奶奶。"兔奶奶，您在家做什么呀？"

　　"冬天快到了，我正在织围巾，冬天围着围巾比较暖和。"小熊看到兔奶奶手上正在织着的黄色围巾，忍不住说："您织的黄围巾好漂亮呀！"

"喜欢吗？等我织好后，就送给你。"大家听了，纷纷开口："我也想要兔奶奶织的围巾。"

兔奶奶听了很高兴，她笑着说："那我就帮你们各织一条围巾，你们喜欢什么颜色呢？来，大家各自挑一个自己最喜欢的颜色吧！

兔奶奶花了好长一段时间，终于把围巾都织好了，她请大家一起来试试。动物们兴高采烈地把围巾围到了脖子上。小猪开心地说："你们看，我的红围巾像太阳一样暖和呢！"

小熊也摸摸围巾说："我的黄围巾柔柔软软的，围在脖子上很舒服。"大家热烈地讨论着自己的围巾，只有长颈鹿不说话。

兔奶奶问："长颈鹿，你不喜欢奶奶帮你织的围巾吗？为什么你不围在脖子上呢？"

长颈鹿赶紧说："喜欢，只要是兔奶奶织的，我都喜欢。"

"来，过来，让奶奶帮你把围巾戴上吧！"

可是，当兔奶奶给长颈鹿戴围巾的时候，她才发现了个大问题："哎呀，糟糕，我忘了长颈鹿的脖子长，围巾织得太短了。没关系，奶奶再织一条。"

长颈鹿不好意思地说："不用再麻烦了，这样就很暖和了，兔奶奶，谢谢您！"

　　回家的路上，寒风呼呼地吹着，猴子说："长颈鹿的脖子一定很冷吧！"

　　"对呀！所以，我决定送长颈鹿一件大衣，这样它就不冷了。"袋鼠得意地说。

　　小熊接着也说："那我送它一个电热器，让它可以在家里取暖。"

　　小猪也想送点什么，却想不出个好主意，它挠挠头说："我该送什么好呢？"

第二天，大家一起把礼物送到长颈鹿家，长颈鹿一开门，吓了一跳，"咦？怎么大家都来了啊？"

　　小熊抢着说："我们帮你送暖心又暖身的礼物来了！"小熊拿出电热器，袋鼠拿出大衣，还有猴子送来了暖宝宝，长颈鹿看了又开心又感动。

兔奶奶也拿出它刚织好的围巾说："你看，这次我织得够长了吧！我想，你从头包到脚都没问题了。"

大家开心地笑着。这时候小猪从远处跑过来，大喊着说："还有我，我的礼物是火锅，大家一起吃火锅，一定很暖和。"

这个冬天，长颈鹿再也不冷了，因为它有许多保暖的衣物，还有一群关心它的好朋友！

仔细看哦，
我准备起飞了！

蜻蜓，准备起飞！

我们经常会在雨后的池塘边看到蜻蜓低空盘旋飞舞，又薄又轻的翅膀，让它能够快速飞行，随意变换高度及方向，像一架灵活的小飞机。它的眼睛是由好几千个小眼睛组成的复眼，所以能看得又广又远，有助于它快速地捕食猎物。